Mi mundo y la ciencia: Nivel 2

INSECTOS INCREÍBLES

Kelli Hicks
Traducción de Sophia Barba-Heredia

Un libro de El Semillero de Crabtree

CRABTREE
Publishing Company
www.crabtreebooks.com

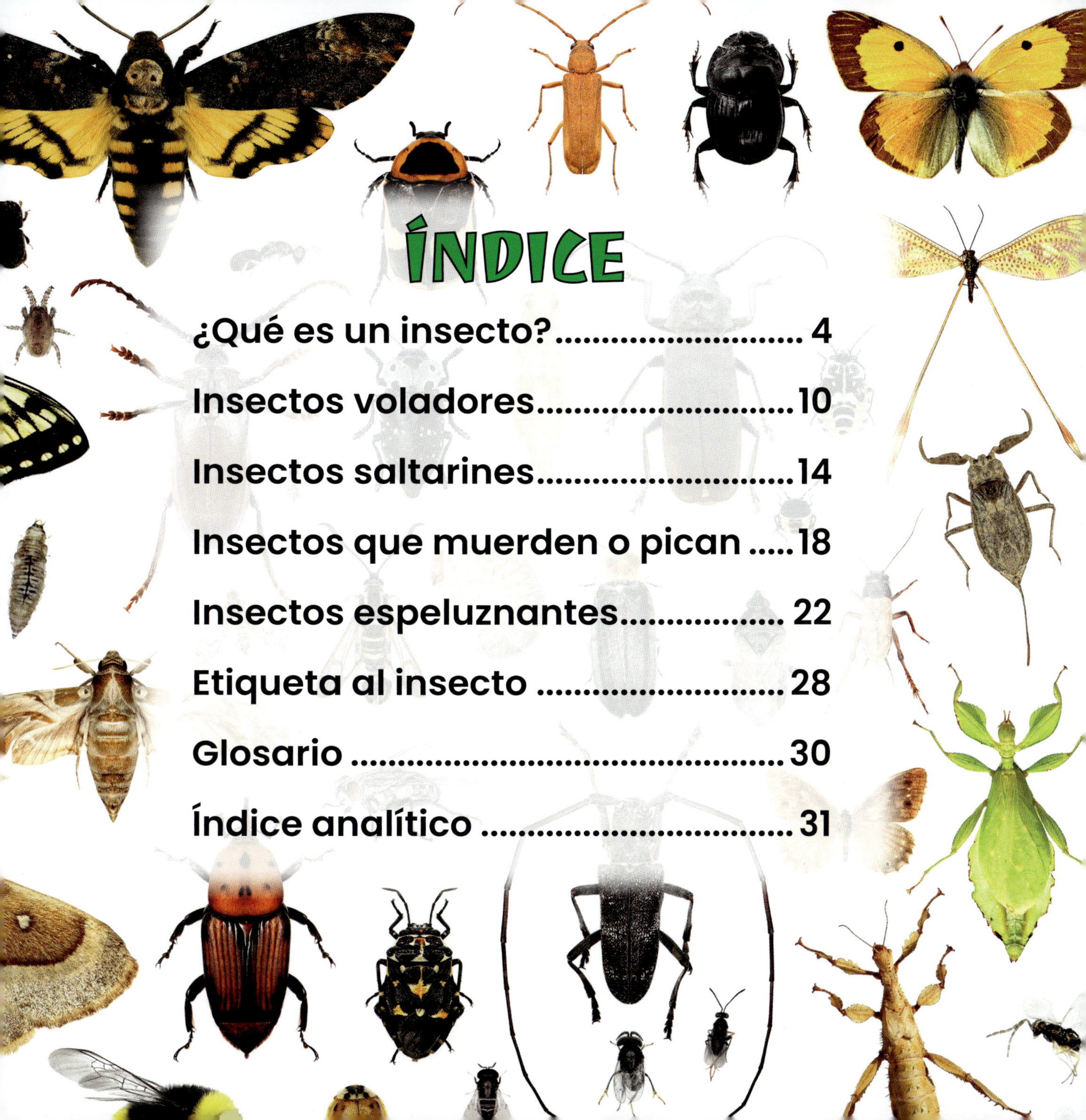

ÍNDICE

¿QUÉ ES UN INSECTO?

¿Escuchas ese zumbido?

Podría ser un **insecto**.

DATOS INCREÍBLES SOBRE INSECTOS

Los científicos han descubierto más de un millón de diferentes tipos de insectos.

El cuerpo de los insectos se divide en tres partes principales. Estas son la **cabeza**, el **tórax** y el **abdomen**.

cabeza
tórax
abdomen

Los insectos tienen seis patas y dos **antenas**.
Los insectos no tienen **columna vertebral**.

Muchas personas piensan que las arañas son insectos, pero no lo son. Cuenta las patas.

Las arañas tienen ocho patas.
Las arañas son **arácnidos**.

INSECTOS VOLADORES

Algunos insectos tienen alas que les ayudan a moverse.

mosca

Las moscas y los mosquitos tienen un par de alas.

Las mariposas y las polillas tienen dos pares de alas.

Las libélulas tienen dos pares de alas transparentes y un abdomen largo.

Las libélulas ayudan a las personas al comer pequeños insectos como los mosquitos.

Las libélulas pueden volar como un helicóptero: adelante, atrás, arriba y abajo. También pueden planear.

INSECTOS SALTARINES

Algunos insectos tienen fuertes patas traseras que los ayudan a brincar o saltar lejos del peligro.

Saltamontes, pulgas, chapulines y grillos: todos ellos saltan.

saltamontes

Las pulgas son pequeñas, pero pueden saltar más de ocho pulgadas (20 centímetros). ¡Es como si saltaras sobre la Estatua de la Libertad!

DATOS INCREÍBLES SOBRE INSECTOS

La pulga es tan pequeña que puede caber en la punta de un lápiz.

INSECTOS QUE MUERDEN O PICAN

Algunos insectos muerden o pican para protegerse.

Chinches, pulgas, tábanos y avispas: todos ellos muerden o pican.

Las hormigas rojas pican. Usan sus tenazas para agarrarse de sus víctimas.

Después meten el **veneno** dentro de la víctima con su aguijón.

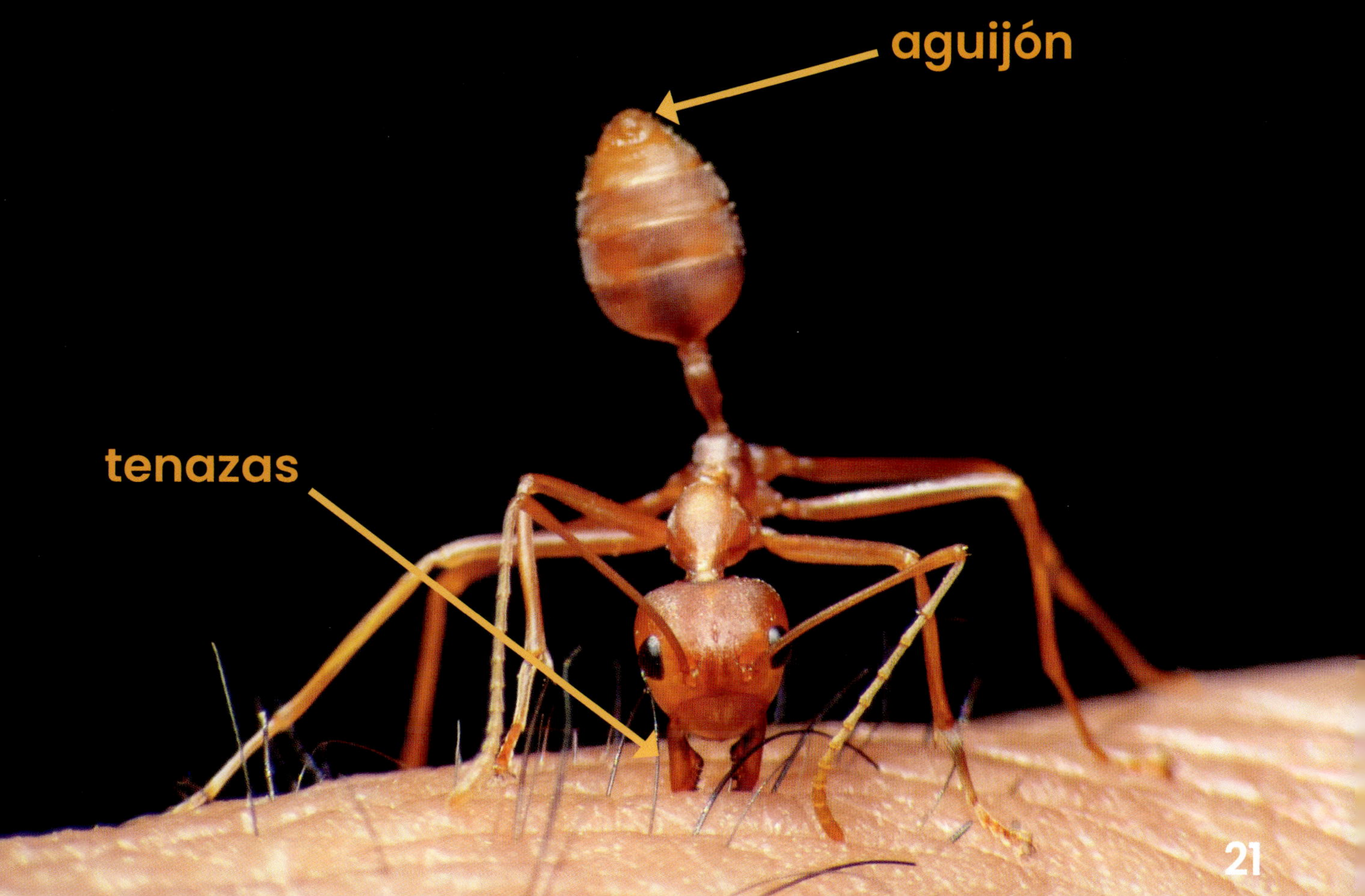

INSECTOS ESPELUZNANTES

Ya sea que vuelen, se arrastren o brinquen, algunos insectos simplemente lucen espeluznantes.

ciervo volante

Pueden tener púas, colores inusuales o extrañas formas de protegerse de sus **depredadores**.

Mira a este insecto espeluznante. Es un diablo espinoso, sus espinas le ayudan a evitar ser comido por depredadores.

saltamontes longicornio

Algunos insectos espeluznantes lucen como hojas o palos.

insecto palo

Empareja cada palabra con su caja correspondiente.

antenas

cabeza

tórax

abdomen

Glosario

abdomen: La sección posterior del cuerpo de un insecto.

antenas: Los apéndices en la cabeza de un insecto.

arácnidos: Pequeños animales con ocho patas, dos partes del cuerpo y sin alas; las arañas son arácnidos.

cabeza: La parte de arriba del cuerpo de un insecto que está pegada al tórax.

columna vertebral: Huesos conectados que corren hacia abajo y por el centro de la espalda.

depredadores: Animales que cazan a otros animales por comida.

insecto: Un pequeño animal de seis patas, tres secciones del cuerpo y sin columna vertebral.

tórax: La parte del cuerpo de un insecto entre la cabeza y el abdomen.

veneno: Ponzoña producida por un insecto u otro animal, usualmente traspasado al cuerpo de la víctima a través de una mordida o picadura.

Índice analítico

Apoyos de la escuela a los hogares para cuidadores y maestros

Este libro ayuda a los niños en su desarrollo al permitirles practicar la lectura. Abajo están algunas preguntas guía para ayudar al lector a fortalecer sus habilidades de comprensión. En rojo hay algunas opciones de respuesta.

Antes de leer:

- **¿De qué pienso que tratará este libro?** *Pienso que este libro es sobre insectos asombrosos. Pienso que este libro es sobre muchas cosas asombrosas que los insectos pueden hacer.*
- **¿Qué quiero aprender sobre este tema?** *Quiero aprender cuáles insectos pican. Quiero aprender sobre las diferentes partes del cuerpo del insecto.*

Durante la lectura:

- **Me pregunto por qué...** *Me pregunto por qué las arañas no son insectos. Me pregunto por qué algunos insectos no tienen alas.*
- **¿Qué he aprendido hasta ahora?** *Aprendí que los científicos han descubierto más de un millón de tipos de insectos. Aprendí que los insectos tienen seis patas y tres secciones del cuerpo.*

Después de leer:

- **¿Qué detalles aprendí de este tema?** *Aprendí que las libélulas pueden volar como un helicóptero, hacia adelante y hacia atrás y hacia abajo. Aprendí que algunos insectos lucen como hojas o palos para así poder esconderse de sus depredadores.*
- **Lee el libro de nuevo y busca las palabras del glosario.** *Veo la palabra **antenas** en la página 8 y la palabra **veneno** en la página 21. Las demás palabras del vocabulario están en las páginas 30 y 31.*

Library and Archives Canada Cataloguing in Publication
Title: Insectos increíbles / Kelli Hicks ; traducción de Sophia Barba-Heredia.
Other titles: Incredible insects. Spanish
Names: Hicks, Kelli L., author. | Barba-Heredia, Sophia, translator.
Description: Series statement: Mi mundo y la ciencia: Nivel 2 | Translation of: Incredible insects. | Includes index. | "Un libro de el semillero de Crabtree". | Text in Spanish.
Identifiers: Canadiana (print) 20210261366 | Canadiana (ebook) 20210261374 | ISBN 9781039620728 (hardcover) | ISBN 9781039620797 (softcover) | ISBN 9781039620865 (HTML) | ISBN 9781039620933 (EPUB) | ISBN 9781039621008 (read-along ebook)
Subjects: LCSH: Insects—Juvenile literature.
Classification: LCC QL467.2 .H5318 2022 | DDC j595.7—dc23

Library of Congress Cataloging-in-Publication Data
Names: Hicks, Kelli L., author.
Title: Insectos increíbles / Kelli Hicks ; traducción de Sophia Barba-Heredia.
Other titles: Incredible insects. Spanish
Description: New York : Crabtree Publishing, 2022. | Series: La science dans mon monde : niveau 2 - un livre de la collection les jeunes plantes de Crabtree | Includes index.
Identifiers: LCCN 2021031876 (print) | LCCN 2021031877 (ebook) | ISBN 9781039620728 (hardcover) | ISBN 9781039620797 (paperback) | ISBN 9781039620865 (ebook) | ISBN 9781039620933 (epub) | ISBN 9781039621008
Subjects: LCSH: Insects--Juvenile literature.
Classification: LCC QL467.2 .H53518 2022 (print) | LCC QL467.2 (ebook) | DDC 595.7--dc23
LC record available at https://lccn.loc.gov/2021031876
LC ebook record available at https://lccn.loc.gov/2021031877

Crabtree Publishing Company
www.crabtreebooks.com 1–800–387–7650

Published in the United States
Crabtree Publishing
347 Fifth Ave.
Suite 1402-145
New York, NY 10016

Published in Canada
Crabtree Publishing
616 Welland Ave.
St. Catharines, Ontario
L2M 5V6

Written by Kelli Hicks
Translation to Spanish: Sophia Barba-Heredia
Spanish-language layout and proofread: Base Tres
Print coordinator: Katherine Berti
Printed in the U.S.A./092021/CG20210616

Print book version produced jointly with Blue Door Education in 2022

Photo credits: www.shutterstock.com. www.istock.com. Cover © Rob Hainer; Title page © keepmovingforward, Page 2/3 © shutterstock.com/ Protasov AN. Page 4/5 © irin-k, Sandra Cunningham; Page 6/7 © Donald Sawvel, alslutsky, Aleksandr Kurganov, Kletr; Page 8/9 © irin-k, Smit; Page 10/11 © Subbolina Anna, Kosarev Alexander; Page 12 © By keepmovingforward; Page 13 ©shutterstock.com/ Darkdiamond67. Page 14 © Alen thien, Page 15 © Rob Stark; Page 16 © Cosmin Manci, page 17 © By Sarawut Aiemsinsuk By Sarawut Aiemsinsuk; Page 18 ©shutterstock.com/ Achkin, Page 19 © irin-k; Page 20 © injun, Page 21 © shutterstock.com/ ploypemuk. Page 22/23 © Adrov Andriy; Page 24 ©shutterstock.com/Dr. Morley Read; Page 25 ©istock.com/ GlobalP. Page 26 ©shutterstock.com/Aedka Studio. Page 27 ©shutterstock.com/ Eric Isselee Page 29 © Shutterstoc/ Henrik Larsson